DISKUSFISCHE

DIE GATTUNG *SYMPHYSODON*

Bernd Degen

Titelbild: Prachtexemplar des Diskusfisches
Rückseite: Verschiedene Diskus-Zuchtformen
Bild Seite 1: Roter Diskus
Bild S. 40/41: M. Kraus, http://en.wikipedia.org/wiki/File:DiskuslaichaS.jpg
Alle nicht anders gekennzeichneten Fotos vom Autor

Die in diesem Buch enthaltenen Angaben, Ergebnisse, Dosierungsanleitungen etc. wurden vom Autor nach bestem Wissen erstellt und sorgfältig überprüft. Da inhaltliche Fehler trotzdem nicht völlig auszuschließen sind, erfolgen diese Angaben ohne jegliche Verpflichtung des Verlages oder des Autors. Beide übernehmen daher keine Haftung für etwaige inhaltliche Unrichtigkeiten.

ISBN: 978-3-86659-222-3

An der Kleimannbrücke 39/41
48157 Münster
www.ms-verlag.de
Geschäftsführung: Matthias Schmidt
Lektorat: Kriton Kunz
Layout: Michael Kolmogortsev
Druck: Alföldi, Debrecen

Inhalt

Der Diskus ist der König der Süßwasseraquarienfische

Vorwort

Jetzt sind Sie, lieber Leser, endlich beim Diskus angekommen. Ihr Interesse für diese faszinierenden Fische zeigt, dass Sie ein ernsthafter Aquarianer sind oder einer werden wollen. Dem Diskus wird zwar immer nachgesagt, er sei ein schwieriger Aquarienbewohner, doch nach der Lektüre dieses Buches werden Sie davon überzeugt sein, dass seine Haltung einfacher ist, als Sie geglaubt hatten.

Der Hauptgrund für die Begeisterung am Diskus ist, neben seiner Farbenpracht und ungewöhnlichen Form, die faszinierende Brutpflege: Diskusfische ziehen ihre Jungen über einen Zeitraum von mehreren Wochen im Elternteam auf. Dabei ernähren sie ihren Nachwuchs mit einem Hautsekret, das eine Vielzahl von Nährstoffen und nützlichen Bakterien enthält, die für die Lebensfunktionen der Jungfische unerlässlich sind.

Die Versorgung der Diskusbabys mit körpereigenem Hautschleim der Eltern ist eine große Seltenheit im Reich der Fische. Und dieses komplizierte Brutverhalten macht die Nachzucht von Diskusfischen zugleich besonders schwierig. Doch alles, was schwierig ist, reizt den Menschen auch, und gerade deshalb wird die Diskuszucht als Krönung der Süßwasseraquaristik angesehen. Fast jeder ernsthafte Aquarianer hat schon einmal mit dem Gedanken gespielt, es auch mit der Diskuspflege und -zucht zu versuchen. Gelingt dies, wird meist eine große Befriedigung empfunden.

Die reine Diskushaltung ist im Prinzip nicht viel schwieriger als die Pflege anderer Aquarienfische. Wenn es in einem Gesellschaftsaquarium mit Neonfischen, Guppys und anderen Anfängerfischen allerdings vorkommt, dass der eine oder andere Fisch plötzlich verendet, wird kaum darüber gesprochen, da es sich dabei um „einfache Fische" handelt. Ein Gesellschaftsaquarium wird nach dem Verlust einiger Bewohner noch lange nicht aufgegeben. Kränkelt aber einer von fünf Diskusfischen, ist die Bestürzung groß, denn es handelt sich hier um einen Fisch, der einem besonders ans Herz gewachsen ist und dazu noch eine Menge Geld gekostet hat. Solch ein Verlust wird nur schwer verschmerzt. Gehen nacheinander gar mehrere Diskus ein, dann verzweifelt manch ein Aquarianer und gibt vielleicht sein Hobby auf. Dies muss jedoch nicht sein, wenn bei der Pflege von Diskusfischen einige grundlegende Regeln beachtet werden. Und genau dabei soll Ihnen dieses Buch aus der „Art für Art"-Reihe helfen.

Bernd Degen
Ruhmannsfelden, 2013

Bernd Degen beschäftigt sich seit rund 40 Jahren mit Diskusfischen und hat Dutzende von Büchern in elf Weltsprachen über Diskusfische veröffentlicht

Heimat der Diskusfische

Diskusfische stammen ursprünglich aus dem südamerikanischen Amazonasbecken. Dort, in den gewaltigen Flussgebieten Amazoniens, sind sie von der peruanischen Stadt Iquitos im Westen bis zum Amazonasdelta Brasiliens im Osten verbreitet, wobei sie sich hauptsächlich in den ruhigeren Nebenflüssen und Überschwemmungsgebieten aufhalten, wo sie gute Laichbedingungen und jede Menge Futter vorfinden.

In solchen Vorrichtungen werden die Diskusfische wochenlang gehältert, bis sie in die Exportstation transportiert werden

Die Durchschnittstemperatur dieser Gewässer ist sehr hoch und beträgt meist um die 30 °C. Der pH-Wert des Wassers liegt stets im sauren Bereich und erreicht im Ausnahmefall sogar Werte unter pH 4,0. Allerdings kommt in diesen extremen Schwarzwasserflüssen meist nur der Heckel-Diskus vor. Die meisten Diskusfische leben in Gewässern mit einem pH-Wert zwischen 5,5 und 6,5, was auch ideal für unsere Aquarienverhältnisse ist.

Auffallend sind außerdem der sehr geringe Härtegrad und die geringe elektrische Leitfähigkeit des Wassers, die stets unterhalb von 50 µS/cm liegt. Im Aquarium müssen solche extremen Werte nicht nachvollzogen werden, denn der Diskus verträgt durchaus auch härteres Wasser und etwas höhere pH-Werte sehr gut.

Diskuswildfänge spielen zahlenmäßig für unsere Hobbyaquarien jedoch eine untergeordnete Rolle. Fast alle in Aquarien gepflegten Diskusfische stammen heute aus Nachzuchtstämmen, weshalb der Natur kaum noch Wildfänge entnommen werden.

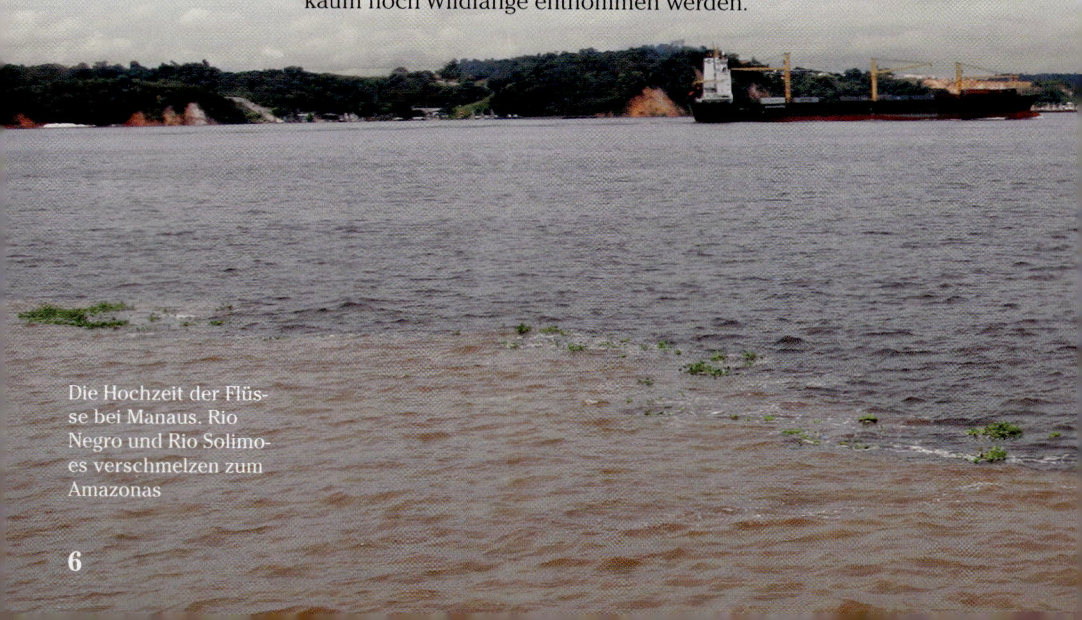

Die Hochzeit der Flüsse bei Manaus. Rio Negro und Rio Solimoes verschmelzen zum Amazonas

In Seen und überschwemmten Flussabschnitten überleben die Diskusfische die Trockenzeit

Die Fänger machen gerne Brotzeit, und dafür gibt es genug Fische als Beifang

In die ausgelegten Netze werden die Fische mit Stöcken getrieben

Während der Regenzeit treten die Flüsse übers Ufer und kommen bis an die höher gebauten Hütten heran

Wildfang oder Nachzucht?

Da Wildfangdiskus in der Pflege etwas anspruchsvoller sind als Nachzuchten, ist für ihre Pflege eine entsprechende Erfahrung von Vorteil. Bei Wildfängen kann es leichter zu Problemen kommen.

Systematische Stellung der Diskusfische

Ordnung: Barschartige (Perciformes)
Unterordnung: Lippfischartige (Labroidei)
Familie: Buntbarsche (Cichlidae)
Unterfamilie: Cichlinae
Tribus: Heroini
Gattung: Diskusfische oder Diskusbuntbarsche (*Symphysodon*)

Klassisch wurden in der Aquaristik meist vier Wildfangformen nach ihrem Farbkleid als Heckel-Diskus *(Symphysodon discus)* sowie Blauer, Grüner und Brauner Diskus *(Symphysodon aequifasciatus)* unterschieden. Letztere ordnete man früher meist als Unterarten den wissenschaftlichen Bezeichnungen *S. a. haraldi*, *S. a. aequifasciatus* und *S. a. axelrodi* zu.

Diese taxonomische Einteilung ist wissenschaftlich mittlerweile überholt, doch ist die korrekte Benennung und Zuordnung der bekannten Diskusformen noch immer teilweise schwierig, zum Beispiel was den Status des umstrittenen Taxons *Symphysodon tarzoo* (vermutlich ein Synonym) angeht. Die meisten Aquarianer und Händler behalten aus diesem Grund oft noch die alten deutschen Farbbezeichnungen bei.

Wildfänge lieben eingerichtete Aquarien und zeigen mit kräftig rotem Auge, dass sie sich wohlfühlen

Heckel-Diskus sind etwas schwieriger zu pflegende Wildfänge

Am einfachsten lässt sich der Heckel-Diskus erkennen, der 1840 von Johann Jacob HECKEL beschrieben wurde. Er stammt aus dem Rio-Negro-Gebiet und wird wissenschaftlich als *Symphysodon discus* bezeichnet. Er ist leicht an seinem markanten Senkrechtstreifen seitlich am Körper zu identifizieren, denn die anderen Diskus besitzen normalerweise neun solcher Streifen, die alle etwa gleich stark ausgebildet sind. Beim Heckel-Diskus ist es jedoch anders, bei ihm fällt vor allem der fünfte Streifen in der Körpermitte besonders intensiv auf. An diesem kräftigen Mittelbalken können Sie sofort einen Heckel-Diskus erkennen.

Die Pflege des Heckel-Diskus im Aquarium ist etwas schwieriger, da er in der Natur in Schwarzwasser lebt, dessen pH-Wert im Bereich von 4,0 liegt. Werden Heckel-Diskus im Aquarium aber tatsächlich in saurem und weichem Wasser gepflegt, so fühlen sie sich wohl und entwickeln sich prächtig. Im Gegensatz zu anderen Diskusfischen ist die Zucht des Heckel-Diskus bislang fast unmöglich.

Der sogenannte Blaukopf-Heckeldiskus ist eine echte Rarität. Er wurde 1981 als eigene Unterart *S. d. willischwartzi* beschrieben, doch wird dieser Name aktuell meist als Synonym des Heckel-Diskus aufgefasst. Ähnlich wie dieser zeigen Blaukopf-Heckeldiskus den kräftigen Mittelbalken, als zusätzliches Merkmal aber auch eine kräftige Blaufärbung im Kopfbereich. Es ist jedoch äußerst schwierig, diese Blaufärbung im Aquarium zu erhalten, und Voraussetzung dafür ist neben einem perfekten Aquarienwasser eine sehr gute Pflege.

Alle anderen Diskusformen wurden früher meist als Unterarten von *Symphysodon aequifasciatus* aufgefasst; sie werden nach aktuellen Konzepten aber wie schon erwähnt den beiden Arten *S. haraldi* und *S. aequifasciatus* (bzw. *S. tarzoo*) zugerechnet. In Aquarianerkreisen erfolgt jedoch nach wie vor oft noch die klassische Unterteilung nach farblichen Kriterien in Grüne, Blaue und Braune Diskus.

Wussten Sie schon?

Die Gattung *Symphysodon* besteht nach dem aktuellen Konzept (2007) aus folgenden drei Arten:

***Symphysodon discus* HECKEL, 1840 – Heckel-Diskus oder Echter Diskus**
Synonyme:
Symphysodon discus willischwartzi
BURGESS, 1981

***Symphysodon aequifasciatus* PELLEGRIN, 1904 – Grüner Diskus**
Synonyme:
Symphysodon discus var. *aequifasciata*
PELLEGRIN, 1904
Symphysodon discus tarzoo
LYONS, 1959
Symphysodon aequifasciata aequifasciata
SCHULTZ, 1960

***Symphysodon haraldi* Schultz 1960 – Blauer Diskus und Brauner Diskus**
Synonyme:
Symphysodon aequifasciata haraldi
SCHULTZ, 1960 – Blauer Diskus
Symphysodon aequifasciata axelrodi
SCHULTZ, 1960 – Brauner Diskus

Klassische Diskuswildfänge in ihrer natürlichen Schönheit sind weniger intensiv gefärbt als moderne Nachzuchtdiskus

Die Grünen Diskus (früher *S. a. aequifasciatus*, jetzt *S. aequifasciatus*) stammen oft aus dem Lago Tefé oder dem Rio Tefé. Je nach Herkunftsgebiet können diese Diskusfische viele türkisfarbene Körperstreifen aufweisen. Aber auch zahlreiche rote Punkte auf der Seite sind ganz typisch für diese Fische. Solche kräftig rot gepunkteten Exemplare zählen zu den begehrtesten Wildfängen, und mit ihnen wurden auch sehr interessante Zuchtformen erzielt.

Die Blauen Diskusfische (früher *S. a. haraldi, jetzt S. haraldi*) werden meistens im Seengebiet von Manacapuru oder im Rio Purus gefangen. Auch bei ihnen handelt es sich um äußerst attraktive Fische. Die Abgrenzung zwischen den einzelnen Wildfangfarben ist manchmal etwas schwierig, aber ein komplett durchgestreifter Blauer Diskus wird schnell als solcher erkannt. Solche vollständig gestreiften Blauen Diskus werden seit jeher als „Royal Blue Diskus" bezeichnet und sind sehr begehrt und teuer.

Der Braune Diskus (früher *S. a. axelrodi*) wurde nach dem bekannten amerikanischen Diskusspezialisten Herbert R. Axelrod beschrieben und wird nun als Synonym dem Blauen Diskus, *S. haraldi*, zugerechnet. Er ist ein echter Klassiker in unseren Aquarien. Diese Diskusfische bilden einen herrlichen Kontrast in einem bepflanzten Aquarium und sind bei guter Pflege echte Schmuckstücke. Sie wurden schon einmal für längere Zeit durch moderne Farbvarianten aus den Aquarien verdrängt, erleben jedoch eine Neuauflage in der Beliebtheit, und besonders rotbraune Varianten sind sehr gesucht.

Vor rund sechzig Jahren war es für Aquarianer schon eine Sensation, wenn Wildfänge des Diskus nur ein paar blaue Streifen aufwiesen oder das Braun des Körpers etwas intensiver rotbraun als üblich

Grüner Diskus

Heute gibt es Diskus-Nachzuchten in vielen Farbvarianten

war. Großartig waren vor fünfzig Jahren dann die ersten Türkisdiskus, die auf etwa der Hälfte des Körpers starke türkisfarbene Linierungen zeigten. Vor vierzig Jahren war das Diskusglück fast perfekt, als es die ersten flächig blauen Diskus gab. Eine Steigerung schien damals nicht mehr möglich. Dann nahmen sich jedoch vor dreißig Jahren asiatische Züchter der Diskusfische an, und plötzlich waren viele Mischfarben erhältlich.

Vor zwanzig Jahren war es schließlich so weit, dass bahnbrechende Neuzüchtungen aus Asien unseren Markt erreichten. Nun gab es plötzlich die „Pigeon Blood Diskus“ oder die „Snake Skin“ sowie die wirklich flächig roten Diskus, welche die gesamte Aquaristikszene veränderten. Seitdem vergeht kein Jahr, in dem es nicht verblüffende neue Farbvarianten gibt, die sich mal mehr, mal weniger durchsetzen. Vor zehn Jahren waren es die „Leopard Snake Diskus“ mit Hunderten von roten Punkten, die uns alle faszinierten, und aktuell sind gerade die Ring-Leopard-Diskus mit vielen kleinen türkisfarbenen Kringeln stark im Kommen.

Ein Ende dieser Entwicklung scheint nicht absehbar, wenngleich nicht jede Neuentdeckung auch wirklich immer glücklich macht. Heute hat der Diskusliebhaber die große Auswahl unter zahlreichen Farben und vor allem unter vielen Namen. Diese Vielfalt an teilweise sehr fantasievollen Namensschöpfungen verwirrt aber manchmal mehr, als sie hilft. Man sollte sich beim Kauf von Diskusfischen also nicht nur auf den Namen verlassen, besser ist es in jedem Fall, sich die Tiere vorher genau anzusehen.

Roter Diskus

Zum Glück sind die Zeiten weitgehend vorbei, als die Farben der Diskus mithilfe von Hormonen manipuliert wurden. Heute hat es kein

Links:
flächig rotbraune Nachzuchtvariante

Rechts:
Leopard Snake Skin

Züchter mehr nötig, beispielsweise das Rot oder Blau seiner Diskusfische mit Testosteron zu verstärken und dabei die Fische zu schädigen. Die Farben sind im Prinzip erbfest: Rote Diskus bleiben rot, und Blaue Diskus bleiben blau. Durch unterschiedliche Fütterungen können bei der Aufzucht zwar leichte Farbverschiebungen auftreten, aber die Grundfarbe bleibt doch erhalten. Bei halbwüchsigen oder ausgewachsenen Diskus lassen sich die Farbmerkmale sowieso gut erkennen.

Welcher Diskusfisch eignet sich für mich?

In den allermeisten Fachgeschäften und auch bei den Züchtern werden fast ausschließlich Nachzuchten von Diskusfischen zum Verkauf angeboten. Dabei ist es unerheblich, ob es sich um kleinere Jungfische oder ausgewachsene Exemplare handelt. Der Diskuswildfang bleibt dagegen die große Ausnahme. Selbstverständlich gibt es zwar auch auf Diskuswildfänge spezialisierte Fachgeschäfte, doch sind diese nicht sehr häufig.

Wildfänge werden, wie der Name schon sagt, der Natur entnommen und sind deshalb meist schon etwas größer als viele Nachzuchten. Nur selten bekommen Sie halbwüchsige Wildfänge, bei denen Sie noch die Möglichkeit hätten, regulierend bei der Aufzucht einzugreifen. Meist müssen Sie ausgewachsene oder fast ausgewachsene Wildfangdiskusfische kaufen, bei denen der Entwicklungsprozess längst abgeschlossen ist. Sie können sich dann ausschließlich um eine gute Pflege unter optimalen Haltungsbedingungen bemühen, damit diese Wildfänge auch wirklich ihre schönsten Farben zeigen.

Pigeon Blood

Bei den zahlreichen Nachzuchtvarianten, die es heute gibt, haben Sie dagegen alle Möglichkeiten, sich die Fische Ihrer Wahl auszusuchen und vielleicht auch selbst aufzuziehen. Das macht ungleich mehr Freude, wenngleich es nicht immer einfach ist, aus einem 4 cm großen Diskus einen Prachtkerl mit 18 cm Körperdurchmesser heranzuziehen.

Versuchen Sie es also zuerst einmal mit Diskusnachzuchten, und beschränken Sie sich hierbei auf gut haltbare Farbvarianten wie beispielsweise die Pigeon-Blood-Diskus. Diese werden Ihnen sicherlich viel Freude machen – und es gibt jede Menge Farbspielarten dieser Diskusvariante.

Blauer Snake Skin, der sehr schön seine vielen dunklen Streifen zeigt

Wo kaufe ich Diskusfische?

Der Diskus ist sicherlich kein Allerweltsfisch im Bereich der Aquaristik, und das ist auch gut so. Durch seinen hohen Preis regelt er von selbst die Nachfrage und damit auch das Angebot in den Fachgeschäften. Da es sogar Fachgeschäfte gibt, die sich fast ausschließlich auf Diskus spezialisiert haben, ist es nicht schwierig, dort schöne und gesunde Exemplare zu kaufen. Aber auch die gut sortierten, größeren Zoofachgeschäfte kommen heute nicht mehr umhin, auf Wunsch ihrer Kunden zumindest während der Wintersaison Diskusfische anzubieten.

Vorbildliche Verkaufsanlage für ausgewachsene Diskus und Zuchtpaare

Da besonders aus dem asiatischen Raum mittlerweile sehr viele Farbvarianten im Handel sind, kann es vorkommen, dass Sie immer wieder von neuen Farbkombinationen überrascht werden. Kaufen Sie also nicht überstürzt, sondern schauen Sie sich vorher etwas genauer um und erkunden Sie das Angebot in Ihrer näheren Umgebung – dann werden Sie Ihren Traumdiskus schon finden.

Es wäre natürlich schön, wenn Sie einfach in ein Geschäft gehen und dort den Wunsch nach einem Pärchen junger Diskusfische äußern könnten. Nun ja, äußern können Sie diesen Wunsch schon, aber der Verkäufer würde wohl mit einem Lächeln antworten, dass dies nicht möglich sei. Diskusfische haben keine klaren äußerlichen Geschlechtsunterschiede. Bei kleineren Exemplaren ist es sowieso nicht möglich, irgendwelche Aussagen über deren Geschlecht zu treffen. Nur bei ausgewachsenen Fischen wäre es prinzipiell möglich, die Geschlechtsfrage anhand einiger Kriterien einigermaßen zu beantworten, doch selbst erfahrene Diskuszüchter können nicht hundertprozentig das Geschlecht ihrer Diskusfische bestimmen, sofern sie die Fische nicht selbst beim Ablaichen beobachten konnten. Nicht immer deuten eine stärkere Beflossung oder ausgezogene Rückenflossen auf ein Männchen hin. Und auch der bulligere Körperbau eines Diskusfisches lässt nicht sofort auf ein Männchen schließen. Alle diese Merkmale können durchaus auch auf Weibchen zutreffen.

Sicher gibt es eine hohe Wahrscheinlichkeitschance, wenn Sie einen Profi zurate ziehen und diesen über die Geschlechter der angebotenen Fische befragen; hundertprozentigen Verlass gibt es aber nicht. Erst wenn die Diskusfische einmal Laichvorbereitungen getroffen haben und die Geschlechtsteile bzw. die Legeröhre des Weibchens deutlich zu sehen waren, ist eine genaue Aussage möglich.

Leopard Snake Skin

Gesunde Diskus

Nur gesunde Diskus bereiten langfristig Freude. Deshalb ist es wichtig, beim Neuerwerb auf den Gesundheitszustand der Diskusfische zu achten. Eine alte, aber noch immer gültige Empfehlung lautet: Beobachten Sie die Fische Ihrer Wahl auf jeden Fall einige Minuten ganz gründlich. Setzen Sie sich vor das Aquarium und schauen Sie, wie sich die Fische verhalten. Sind sie scheu, stehen sie in der Ecke, oder zeigen sie vielleicht sogar eine dunkle Färbung? Wenn ja, ist Vorsicht angeraten, denn eine dunkle Schreckfärbung deutet immer auf Probleme hin. Diese müssen noch nicht gravierend sein, aber ein Verdacht ist zumindest naheliegend.

Gesunde Diskusfische schwimmen munter im Aquarium umher und fressen auch gierig bzw. zeigen großes Interesse am angebotenen Futter. Es schadet also nicht, wenn der Verkäufer vor dem Kauf eine kleine Portion Futter in das Aquarium gibt, um zu demonstrieren, dass die Diskusfische gut fressen.

Selbstverständlich sollten die Fische keinerlei Anzeichen einer Abmagerung zeigen. Der Körper muss deutliche Rundungen aufweisen, und besonders die Kopfpartie sollte schön nach außen abgerundet sein. Eingefallene oder gar magere Köpfe deuten bei Diskusfischen auf Todeskandidaten hin.

Auch die Augengröße im Verhältnis zur Körpergröße ist ein gutes Merkmal, um auf gesunde oder kranke Diskus zu schließen. Gesunde und perfekt aufgewachsene Diskusfische haben ein relativ kleines Auge im Verhältnis zur Körpergröße. Erscheint Ihnen das Auge in Relation zu groß, dann ist Vorsicht geraten, denn dieser Diskus kann Wachstumsschäden aufweisen. Auch sollte die Farbe des Auges klar und schön sein. In der Mitte des

Alle Diskus-Farbvarianten können problemlos miteinander vergesellschaftet werden

Perfekter Rottürkis-Diskus

Die völlig stahlblau gezeichneten Blue Diamonds stellen eine Spitzenleistung der Diskushochzucht dar

Auges befindet sich die schwarze Pupille, und außen herum ist das Auge kräftig rot oder gelb gefärbt. Dieser Farbsaum sollte möglichst gut hervortreten. Fehlt diese gelbe oder rote Färbung und ist das gesamte Auge dunkel, deutet dies auch wieder auf mögliche Krankheiten oder zumindest auf ein Unwohlsein der Fische hin.

So lässt sich mit etwas Aufmerksamkeit und guter Beobachtung schnell erkennen, ob die Diskusfische in einem Aquarium als gesund oder kränkelnd eingestuft werden können. Lassen Sie sich also bitte vor dem Kauf etwas Zeit und beobachten Sie die ausgewählten Diskusfische ruhig gründlicher. Heute werden auch Diskus über das Internet angeboten. Ein Versand ist eigentlich problemlos möglich. Es gibt Paketdienste, die innerhalb von 24 Stunden garantiert anliefern. Für gut verpackte Diskusfische stellt diese Transportzeit kein Problem dar, doch ist der Diskuskauf immer noch Vertrauenssache.

Das perfekte Diskusaquarium

Diskusfische sind größere Aquarienfische, weshalb man immer ein entsprechend geräumiges Aquarium für ihre Pflege anschaffen sollte. Aquarien gibt es in vielen Formen und Größen. Für unsere Diskusfische empfiehlt es sich, an die Obergrenze des für Sie Machbaren zu gehen. Wenn Sie noch kein Aquarium besitzen und gleich mit einem Diskusaquarium beginnen wollen, müssen Sie sich im Fachhandel gründlich informieren. Sie haben ja Ihre festen Vorstellungen und wissen vielleicht auch schon, wo das zukünftige Aquarium stehen soll.

Für unsere Diskusfische ist es günstig, wenn das Aquarium mindestens 100 cm, besser jedoch 120 cm lang ist. Eine Aquarienhöhe von 50 cm wäre bei dieser Länge ideal. Die Tiefe des Aquariums darf keinesfalls 40 cm, besser aber 45 cm unterschreiten. Dies sollten die Mindestmaße für Ihr erstes Diskusaquarium sein, und vielleicht sind Sie jetzt etwas überrascht, da diese Maße nicht mit denen der üblichen Anfängeraquarien zu vergleichen sind. Trennen Sie sich aber von Anfang an von dem Gedanken, dass Sie ein kleines Aquarium mit 60 oder 80 cm Länge zur Pflege von Diskusfischen verwenden können. Mit einem kleineren Aquarium werden Sie keine Freude haben, und irgendwann würden Sie sowieso beim größeren und daher für

Eine neue Farbvariante aus Malaysia sind die Ring-Leopard-Diskus. Sie zeigen vermehrt rote Ringe als Zeichnung.

Diskusfische idealen Aquarium landen. Dabei spreche ich über Aquarienlängen von 150–200 cm, bei denen dann auch die Höhe auf 60 cm ansteigt. Bei der Tiefe des Aquariums können Sie sich zwischen 50 und 60 cm entscheiden. Falls Sie es wagen und den Platz für ein solch großes Aquarium haben, kann ich Ihnen ein solches Becken auch für den Anfang der Diskuspflege nur empfehlen.

Ein Aquarienmöbel

Heute gibt es zu jeder Einrichtung passend auch den Aquarienschrank als perfektes Möbelstück: Sie bekommen ein fertiges Aquarium inklusive Unterschrank und Abdeckung in passendem Dekor. Der Unterschrank, auf dem das Aquarium steht, ist meist aus Holz gefertigt. In diesem Unterschrank lässt sich sehr gut die Filtertechnik verbergen. Die Aquarienabdeckung nimmt die entsprechenden Leuchten auf und lässt sich leicht nach hinten klappen, sodass die Fische problemlos gefüttert werden können.

Bitte bedenken Sie, dass Ihr neues Aquarium ein enorm hohes Gewicht besitzt. Dies ist besonders dann der Fall, wenn Sie wirklich ein großes Diskusaquarium aufstellen. Schnell kommt hier ein Gewicht von 500 kg oder mehr auf kleinstem Raum zusammen. Dies bedeutet nicht,

Ein schön eingerichtetes Diskusaquarium ist ein perfekter Blickfang und gleichzeitig ein tolles Möbelstück für das Wohnzimmer

In der Beschränkung liegt oft die Schönheit. Ein Diskuspaar als Mittelpunkt in einem Aquarium mit Pflanzen, geeigneten Beifischen und dem perfekten, feinen Bodengrund.

dass sich Ihr Fußboden jetzt gleich biegen wird, aber Sie müssen zumindest ein stabiles Untergestell besorgen. Bei einem qualitativ hochwertigen Aquarienschrank ist dies bereits alles berücksichtigt und sehr stabil angefertigt.

Der richtige Standort

Beim Standort für das Aquarium spielt Licht eine ganz wichtige Rolle – sowohl im positiven als auch im negativen Sinn. Zu viel Tageslicht verursacht meist viele Algenprobleme, zu wenig Licht wiederum verhindert Pflanzenwuchs im Aquarium. Tatsächlich ist eine elektrische Aquarienbeleuchtung viel besser geeignet als Tageslicht. In der Frontscheibe des Aquariums sollten sich auch keine Fenster oder Lampen spiegeln, denn diese Lichtreflexe stören, wenn Sie ins Aquarium hineinschauen wollen. Stellen Sie Ihr neues Aquarium am besten so auf, dass Sie das Leben im Aquarium gut beobachten können. Achten Sie darauf, dass Sie vor dem Aquarium sitzen und nicht stehen möchten.

Die Aquarienrückwand

Schöne Rückwände sind echte Schmuckstücke für ein Aquarium. Viel dekorativer als von hinten an die Rückwand aufgeklebte „Pseudobilder" sind natürlich geformte Dekorückwände, die mit speziellem, ungiftigem Aquariensilikon direkt ins Becken eingeklebt werden.

Im Fachhandel gibt es jede denkbare Farb- und Holzkombination für Aquarienmöbel. So lässt sich garantiert das perfekte Aquarium finden.

Fangen Sie also beim Einrichten des Aquariums am besten mit einer entsprechend schönen Aquarienrückwand an. Möglichkeiten der Rückwandgestaltung gibt es viele. Wieso eine solche Rückwand, werden Sie sich vielleicht fragen? Genügt hier nicht einfach eine Folie oder etwas farbiges Papier, das von außen an das Aquarium geklebt wird? Nein, denn meiner Meinung nach sollten Sie sich schon mit etwas anspruchsvolleren, gut strukturierten Rückwänden für Ihr neues Diskusaquarium beschäftigen.

Für die meisten Normgrößen von Aquarien gibt es fertige Aquarienrückwände. Diese sind in beispielsweise in natürlich wirkender Fels- oder Holzoptik erhältlich, bestehen aus ungiftigem Kunststoff und können direkt mit Silikon ins Aquarium eingeklebt werden. Schauen

Sie sich einmal im Fachgeschäft um. Solch eine Rückwand stellt eine ideale Dauerlösung dar, die den hohen Anschaffungspreis rechtfertigt und das Aquarium optisch aufwertet.

Aquarienheizung

Standardmäßig werden in der Aquaristik Stabheizer mit Thermostat verwendet, die einfach ins Aquarium gehängt werden und die eingestellte Wassertemperatur halten. Ob Sie sich für eine handelsübliche Bodengrundheizung entscheiden, ist einerseits Geschmacksache, andererseits aber auch davon abhängig, ob Sie Ihr neues Aquarium stärker bepflanzen wollen. Bei einem bepflanzten Aquarium empfiehlt es sich tatsächlich, über eine Heizung im Bodengrund nachzudenken. Vorteil einer Bodenheizung ist das bessere Pflanzenwachstum, weil der Bodengrund dann stärker durchströmt wird. Bei großen Aquarien ist durchaus auch eine Kombination von Bodenheizung und Thermostat-Heizstab eine gute Variante. In beheizten Wohnräumen reicht ein Watt Heizleistung für etwa 2–3 Liter Aquarienwasser aus. Das bedeutet, dass Sie für ein 600 l fassendes Aquarium einen Heizstab mit einer Leistung von 200–250 W benötigen. Sie dürfen nicht vergessen: Diskusfische mögen hohe Wassertemperaturen um 30 °C.

Ein Türkis-Paar, das friedlich und harmonisch sein Revier durchstreift. Ein faszinierender und beruhigender Anblick.

Der richtige Bodengrund

Endlich geht es ans Einrichten des Aquariums, und zuerst ist der Bodengrund an der Reihe.

Diskusfische lieben einen feinen Bodengrund, und sie bevorzugen in jedem Fall einen feinen Sandboden. Sie blasen gerne in den Sand hinein und suchen hier nach Fressbarem. Bei grobem Kies ist das

nicht möglich, denn dieser kann von den Diskusfischen nicht auf diese Weise durchsucht werden. Eine Körnung von 1–2 mm ist also geradezu ideal, und selbstverständlich wird der Sand oder feine Kies vor dem Einbringen ins Aquarium mehrmals gründlich vorgewaschen.

Für ein bepflanztes Aquarium ist es schon angebracht, die Bodengrundschicht 6–8 cm hoch einzubringen. Hierfür benötigen Sie eine ganze Menge Sand, und natürlich lässt sich eine Bodenheizung sehr gut in diesem Sandboden verstecken.

Der Bodengrund ist hier etwas zu grob. Feiner Kies oder gewaschener Sand sind ideale Bodengründe

Drei Beispiele für ein gelungenes Diskusaquarium

Die richtigen Einrichtungsgegenstände

Keinesfalls sollte das Aquarium mit zu viel Einrichtung überladen werden. Je mehr Versteckplätze Sie einbauen, desto weniger werden Sie später Ihre Diskus sehen, denn diese Fische neigen dazu, sich im Verborgenen aufzuhalten.

Wurzeln sind mit Bedacht auszuwählen, da sie schnell zu modern beginnen können

Suchen Sie sich einige schöne Steine aus, die allerdings keinen Kalk an das Aquarienwasser abgeben dürfen; Granit und Schiefer sind die idealen Gesteine für diesen Zweck. Auf Holz und Wurzeln sollten Sie am Anfang besser verzichten, denn Sie können das Wasser doch erheblich belasten, und solange Sie noch zu wenig Erfahrung mit der Wasserbehandlung haben, ist es in jedem Falle günstiger, auf Moorkienholzwurzeln im Aquarium zu verzichten. Als Alternative gibt es schön geformte und teilweise sehr echt aussehende Ton- und Kunststoffwurzeln im Handel, die sich als Dekorationsmittel einbauen lassen.

Das perfekte Aquarienwasser ist der wichtigste Schlüssel für eine erfolgreiche Diskuspflege

Das richtige Wasser

Unser Leitungswasser ist hierzulande meist gechlort – und Chlor ist gesundheitsschädlich für Fische! Frisches Leitungswasser wirkt daher nicht selten aggressiv auf die Schleimhäute der Diskusfische, und das Wasser sollte sich bereits über einen längeren Zeitraum im neuen Aquarium befinden, bevor die ersten Fische eingesetzt werden.

Einer der häufigsten Fehler ist, dass in neu eingerichtete Aquarien zu schnell Fische eingesetzt werden. Sie können dem frischen Aquarienwasser zwar Wasseraufbereiter zugeben, doch löst das nicht das grundsätzliche Problem – so sollten Sie sich anfangs mit einer Wartezeit von 2–4 Wochen abfinden. Machen Sie bitte nicht den Fehler, dass Sie Ihr Aquarium einrichten und schon am nächsten Tag die Fische einkaufen und einsetzen. So etwas geht meistens schief, und schnell ist es mit dem Spaß an der gehobenen Aquaristik wieder vorbei. Es ist in jedem Falle günstiger, diese Wartezeit einzuplanen, wenn Sie ein neues Aquarium einrichten.

Eine gewisse Grundkenntnis über Aquarienwasser und wichtige Wasserparameter wie pH-Wert, Wasserhärte und Nitratgehalt ist entscheidend bei der Pflege. Mit entsprechenden Messreagenzien oder Messgeräten aus dem Handel sind solche Standardparameter einfach zu bestimmen und sollten regelmäßig kontrolliert werden, denn sie verändern sich durch Wasserwechsel und Futterzugaben.

Im Diskusaquarium liegen die Standardwerte für einen günstigen pH-Wert zwischen 6,0 und 7,0. Die Wasserhärte kann ruhig etwas höher liegen als in der Natur, und zumal für die Haltung sind Werte bis zu einer Gesamthärte von 10 °GH absolut problemlos. Auch ein Nitratwert von bis zu 50 mg/l geht noch in Ordnung, kritisch wird es allerdings bei Nitratgehalten von 100 mg/l und darüber. Dann hilft nur ein größerer Teilwasserwechsel.

Etwas Aquarienpraxis

Wasser ist nicht gleich Wasser. Am einfachsten ist es sicher, Leitungswasser für unser Aquarium zu verwenden, doch sind an diesem Ausgangswasser eventuell noch Veränderungen vorzunehmen, um es fischgerecht zu machen. So ist es von Vorteil, wenn Sie das frische Aquarienwasser zuerst einmal einen Tag über Aktivkohle filtern könnten. Dies entfernt beispielsweise Chlor und andere Chemikalien. Den pH-Wert und die Härte des Aquarienwassers können Sie beispielsweise durch den Einsatz von Torf herabsetzen. Hierzu nehmen Sie einfach Filtertorf aus dem Fachgeschäft und fügen diesen in den Filterkreislauf ein.

Der richtige pH-Wert

Sicher haben Sie schon gehört, dass der neutrale pH-Wert von Wasser bei 7,0 liegt. Das Wasser aus Ihrer Leitung wird allerdings einen wesentlich höheren, sprich alkalischen pH-Wert haben; dieser hohe pH-Wert reduziert sich im Aquarium meist im Laufe der Zeit. Idealerweise sollte er für Diskusfische bei unter pH 7,0 liegen. Wie bereits erwähnt, können Sie dies auf einfache Weise durch Torf im Filtersystem erreichen.

Wenn Sie sich eines Tages intensiver mit Diskusfischen befassen, werden Sie unweigerlich bei der Wasseraufbereitung landen und sich dann zum Beispiel über die Umkehrosmose Gedanken machen müssen. Für den Anfang ist dies in aller Regel aber erst einmal nicht notwendig, da die Nachzuchtdiskus, die Sie gekauft haben, mit Ihrem Leitungswasser bestens auskommen werden, vor allem wenn Sie einige Tage oder Wochen abwarten, bis Sie die Fische in das neu eingerichtete Aquarium einsetzen.

Regelmäßige Kontrollen des Wassers sind wichtig

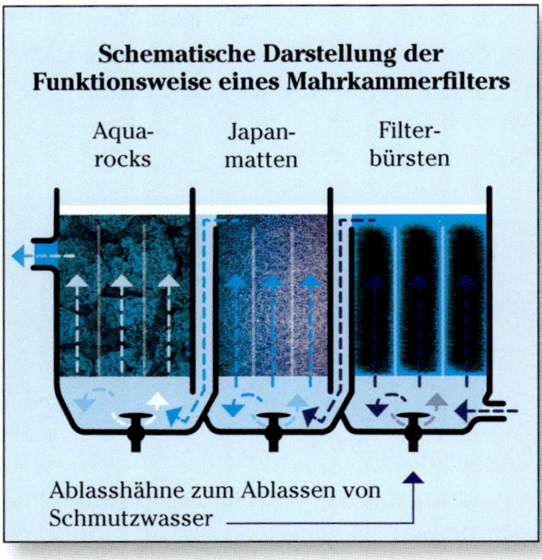

Filterung

Für ein einzelnes Aquarium empfiehlt sich entweder ein größerer Topfaußenfilter oder ein unter dem Aquarium stehender Mehrkammerfilter. Beide Systeme haben sich gut bewährt, wenngleich sie sich deutlich unterscheiden.

Bei einem Topfaußenfilter wird das Wasser durch die Filterkammer des Topfes gepresst und mit einem Motor wieder zurück ins Aquarium gepumpt. Diese Topffilter müssen relativ oft gereinigt werden, was ein kleiner Nachteil sein kann. Die sogenannten Mehrkammer- oder Bioaußenfilter haben dagegen den Vorteil einer längeren Standzeit, was die Arbeit deutlich vereinfacht. Bei Komplettaquarien mit Unterschrank sind beide Systeme einfach in diesem Unterschrank zu verstecken.

Innenfilter mit Motor oder eingeklebte Innenfilterkammern sind etwas aus der Mode gekommen und für schöne Diskusaquarien auch nicht so praktisch. Diskusfische lieben in der Natur langsam fließendes Wasser, und dies sollten wir durch langsam arbeitende Filtersysteme nachahmen. Vor allem Schnellfilter, die das Wasser übermäßig bewegen, sind für Diskusaquarien nicht ideal.

Im Filtersystem sind es in erster Linie die darin lebenden Bakterien, die die Schadstoffe im Wasser abbauen. Dies ist ein Grund dafür, dass in einem Aquarium niemals komplette Filterreinigungen vorgenommen werden sollten. Tauschen Sie nie das gesamte Filtersubstrat auf einmal gegen neues Filtermaterial aus. Wichtig ist, dass immer genug altes, mit Bakterien besiedeltes Filtermaterial im Filter zurückbleibt, damit sich das neu hinzugesetzte Material schnell ebenfalls mit Bakterien besiedelt.

Topf-Motorfilter haben sich seit Jahrzehnten in der Aquaristik bestens bewährt

Bei einer kompletten Neueinrichtung eines Aquariums ist es deshalb ebenfalls gut, wenn Sie aus einem älteren, bereits eingelaufenen Aquarium Filtermaterial entnehmen und in das neue Filtersystem einsetzen können. Dies verkürzt die Wartezeit bis zum ersten Fischbesatz im neuen Aquarium erheblich.

Während Filterwatte die einfache Aufgabe hat, groben Schmutz aufzuhalten und mechanisch zu entfernen, sollen auf Ton- oder Glasfilterröhrchen, auf Kunststoffbällen oder anderen biologischen Filtermedien Bakterien siedeln, die das Wasser sozusagen permanent aufbereiten. Dies sind die sogenannten Biofilter, die langsam und kontinuierlich das Wasser reinigen. Ein solches rein biologisch arbeitendes und zugleich wartungsarmes Filtersystem ist der sogenannte Hamburger Mattenfilter, der aus einer einfachen, an einer Seiten- oder Rückwand im Aquarium quer zur Strömungsrichtung eingebauten Schaumstoffmatte mit Pumpe (Luftheber) besteht.

Das Licht wird am besten über eine Zeitschaltuhr geregelt

Beleuchtung

Falls Sie einen fertigen Aquarienschrank erwerben, sind schon die entsprechenden Aquarienleuchten eingeplant oder sogar eingebaut. In Aquarien mit Pflanzenbeständen ist für deren gesundes Wachstum eine ausreichende Beleuchtung besonders wichtig, sei es über klassische Leuchtstoffröhren oder über moderne LED-Lichtleistensysteme. Auch Diskusfische lieben Licht, und es ist falsch zu glauben, dass sie sich nur im Halbdunkel wohlfühlen. Zehn bis zwölf Stunden Beleuchtung am Tag sollten es schon sein, und dies können Sie über eine Zeitschaltuhr bestens regeln.

Bei Pflanzenaquarien ist die richtige Beleuchtung extrem wichtig. Im Fachhandel gibt es die passende Beratung.

Schöne Pflanzenlandschaft

Ein Trupp Diskusfische verschiedener Farbvarianten bietet einen herrlichen Anblick

Amazonas-Schwertpflanzen gibt es in allen Größen und vielen Farbvarianten. Hier eine kleiner bleibende *Echinodorus horizontalis* und eine weitere Schwertpflanze mit rötlichen Blättern. Sie vertragen alle höhere Temperaturen, wie sie in Diskusaquarien üblich sind

Eine typische Scwimmpflanze aus der Amazonasregion ist *Eichhornia*, unter der sich Diskusfische gerne aufhalten

Ein roter Tigerlotus ist eine absolute Schaupflanze, die jedes Aquarium aufwerten kann

Javafarn, aufgebunden auf Wurzeln, ist eine ideale Pflanze für Diskusaquarien. Die Diskusfische verstecken sich gerne unter solchen Pflanzenbüscheln.

Schöne Pflanzenlandschaft

Ein mit Pflanzen dekorativ eingerichtetes Diskusaquarium wird jeden Besucher begeistern. Jedoch müssen Sie darauf achten, nur Pflanzen auszuwählen, die höhere Temperaturen auch gut vertragen. Aus der Heimat der Diskusfische kommen zum Beispiel die Amazonasschwertpflanzen der Gattung *Echinodorus* in Betracht. Ein Diskusaquarium sollte nicht mit zu vielen Pflanzen überfüllt werden, denn die Buntbarsche benötigen als große Fische auch ausreichend Schwimmraum und sollen sich nicht nur im Pflanzendickicht verstecken können.

Im Vordergrund des Aquariums können Sie klein bleibende Zwergschwertpflanzen einsetzen, und für den mittleren Bereich gibt es ebenfalls ideale *Echinodorus*-Varianten, die nicht zu hoch werden. Die eine oder andere groß werdende *Echinodorus* lässt sich schließlich sehr schön als Solitärpflanze in den Hintergrund setzen. Manche dieser Schwertpflanzen wachsen sogar aus dem Aquarium heraus, wenn dieses nicht abgedeckt ist.

Prinzipiell sind natürlich auch andere Pflanzen, die nicht aus Südamerika stammen, für ein Diskusaquarium geeignet. Voraussetzung ist aber immer, dass Temperaturen bis 30 °C gut vertragen werden.

Halten Sie sich mit dem Düngen der Pflanzen zurück, denn Pflanzendünger kann zu Problemen bei Diskusfischen führen, weil dadurch der Nitratgehalt im Wasser ansteigen wird. Günstiger als der Einsatz von mineralischem Pflanzendünger ist die Verwendung einer Kohlendioxiddüngung. Im Fachhandel sind verschiedene Komplettsysteme erhältlich.

Links: Hier wurde auf echte Pflanzen bewusst verzichtet. Im Hintergrund ein Pflanzenbild als Rückwand.

Rechts: Vallisnerien sind ideale Pflanzen für ein Diskusaquarium

Ankunft der Diskusfische

Wenn Sie alle bisher gegebenen Tipps beherzigt haben, ist irgendwann der Tag, an dem Sie mit Ihren neuen Diskusfischen nach Hause kommen. Der große Moment ist da – aber halt! Da ist zuerst einmal zu klären, ob Sie die neuen Diskusfische in ein bereits bestehendes Aquariensystem mit anderen Artgenossen setzen wollen oder ob Sie die neuen Neuankömmlinge vielleicht für ein komplett eigenständiges Aquarium vorgesehen haben.

Wenn Sie neue Fische zu bereits vorhandenen Diskusfischen setzen wollen, empfiehlt sich unbedingt eine mehrwöchige Beobachtung und Quarantäne der Neuerwerbungen.

Ein Quarantäneaquarium ist nur sehr einfach eingerichtet und besitzt keinen Bodengrund. Hier können Sie die neuen Exemplare genau kontrollieren und eventuell behandeln. Sollten Sie nach einer ausreichend langen Quarantänezeit von mindestens vier Wochen, besser etwas länger, festgestellt haben, dass die Fische in Ordnung sind, können Sie diese zu Ihren anderen Diskusfischen setzten. Dies ist besonders deshalb zu beachten, weil es immer wieder Berichte über eine sogenannte Diskusseuche gibt.

Wenn Sie aber ein komplett neues Aquarium für die Neuankömmlinge eingerichtet haben, ist eine spezielle Quarantäne nicht erforderlich, da diese ja nicht mit anderen Diskusfischen in Berührung kommen.

Öffnen Sie nun also die Transportbeutel und gießen Sie sofort in jeden Beutel einen halben Liter Wasser aus dem Aquarium hinzu. Warten Sie nicht zu lange, und beginnen Sie schon nach wenigen Minuten

Je größer ein Aquarium ist, desto weniger Arbeit macht es seinem Besitzer. Hier ein Schauaquarium mit über 2.000 Litern Inhalt.

mit dem Einsetzen in das Aquarium. Die althergebrachte Meinung lautet zwar, dass ein langsames Eingewöhnen zu bevorzugen ist, doch zeigt die langjährige Praxis, dass gerade Diskusfische besser schnell in das neue Aquarium umgesetzt werden sollten. Dies ist für sie wesentlich weniger stressig, da sie ein schnelles Umsetzen sehr gut vertragen.

Natürlich sollten das Transport- und das Aquarienwasser einen vergleichbaren pH-Wert und ähnliche andere Wasserwerte aufweisen. Sie können vor dem Einsetzen zum Beispiel eine schnelle Messung der pH-Werte vornehmen.

Geübte Diskuspfleger setzen ihre Diskusfische aus der Transporttüte gerne mit den Händen um: Sie nehmen den Diskus dabei einfach mit der flachen Hand aus der Tüte und setzen ihn vorsichtig in das Aquarium. Sie können mir glauben, dass die Fische bei dieser Art des Umsetzens in der Regel ganz ruhig auf der Hand liegen bleiben.

Ansonsten gießen Sie am besten die Tüte mit Wasser und Diskusfisch über ein feines Netz in einen Eimer und setzen den Diskus anschließend ohne Transportwasser vorsichtig in das Aquarium. Wichtig ist hierbei ein feinmaschiges Netz, denn dieses verletzt die Schleimhaut der Fische am wenigsten.

Die zehn Gebote für gesunde Diskusfische:

1. Die Diskus vor dem Kauf genau beobachten und besonders auf Krankheitsanzeichen wie Flossenschäden, weiße Kotfäden und Kopflöcher achten. Von abgemagerten oder dunkel gefärbten Tieren unbedingt die Finger lassen.

2. Neuzugänge mindestens vier Wochen in Quarantäne halten und dabei genau beobachten.

3. Keinen Kontakt zwischen Quarantäneaquarium und den Zucht- oder Schauaquarien zulassen.

4. Fangnetze und andere Geräte aus dem Quarantäneaquarium niemals in der Zuchtanlage benutzen. Hände und Arme nach dem Arbeiten im Quarantäneaquarium gründlich mit Seife waschen.

5. Keine Pflanzen in das Aquarium einbringen, die aus einem Aquarium mit anderen Fischen stammen, bzw. Pflanzen zuvor desinfizieren, z. B. mit einer schwachen Kaliumpermanganat-Lösung.

6. Nur absolut gesunde Fische, die mindestens vier Wochen im Quarantäneaquarium überwacht wurden, in die Zucht- oder Schauaquarien setzen.

7. Quarantäneaquarium nach jedem Einsatz gründlich desinfizieren.

8. Den Fischen immer beste Lebens- und Wasserbedingungen bieten.

9. Für ausgeglichene Ernährung sorgen.

10. Gerade neu erworbene Diskus anfangs sehr gründlich beobachten. Schnell werden Sie feststellen, ob Ihre Fische gesund sind.

Ringleopard der Spitzenklasse mit perfekter, geschlossener roter Punktierung. Ein absoluter Traumdiskus.

Sollten die Diskusfische zunächst am Boden liegen oder dort ziemlich unbeweglich verharren, seien Sie nicht beunruhigt, die Tiere werden schon nach wenigen Minuten mit dem Schwimmen beginnen. Geben Sie den Fischen jetzt einige Stunden Zeit, sich an das neue Aquarium zu gewöhnen. Es ist völlig unnötig, schon am ersten Tag des Einsetzens die Tiere mit aller Gewalt füttern zu wollen. Lassen Sie sich hierfür am nächsten Tag etwas mehr Zeit.

Überhaupt ist jetzt erst einmal Ruhe beim Pfleger angesagt, und es wäre absolut falsch, wenn sofort mit irgendwelchen Wasserzusätzen oder gar Medikamenten im Aquarium herumgepanscht würde.

Auch nach dem Einschalten der Beleuchtung am nächsten Morgen sollten Sie nicht gleich füttern. Lassen Sie Ihre Diskusfische erst langsam „aufwachen". Die erste Fütterung im neuen Aquarium bedarf größter Aufmerksamkeit, und das angebotene Futter sollte schnell gefressen werden, damit nicht gleich von Anfang an Futterreste im Aquarium herumschwimmen. Also nur wenig und kontrolliert füttern!

Es muss Sie nicht sonderlich beunruhigen, wenn ausgewachsene Diskusfische anfangs nur zögerlich zu fressen beginnen. Kleine Exemplare sollten allerdings durchaus schnell und gierig an die angebotenen Leckerbissen gehen.

Für jeden ausgewachsenen Diskus müssen Sie mindestens 60 Liter Wasser im Aquarium einplanen

Das richtige Futter

Diskusfische sind von Natur aus Allesfresser, und die Palette der Diskusfuttersorten, die es im Handel gibt, ist nahezu unerschöpflich. Jeder Diskuspfleger wird problemlos mehrere Futtersorten finden, die gerne von seinen Fischen gefressen werden.

In den Flüssen seiner Heimat Amazonien wird der Diskusfisch mit Nahrung nicht übermäßig verwöhnt, und deshalb sind Wildfänge meist auch etwas kleiner als ausgewachsene Nachzuchtdiskus, die von klein auf das beste Futter bekommen haben. Im Aquarium sind die Futterbedingungen also wesentlich besser als in der Natur, und deshalb werden Aquarienfische schneller wachsen und meist auch viel länger leben als im Heimatbiotop – vorausgesetzt natürlich, der Pfleger macht keine gravierenden Fehler. So kann ein gut gepflegter Diskus im Aquarium ohne Weiteres ein Alter von zehn Jahren und mehr erreichen.

Eine Überfütterung der Fische hat jedoch Nachteile und sollte vermieden werden. Dabei kommt es zu Organverfettungen, und die Tiere pflanzen sich auch nicht mehr so gut fort. Sie sollten Ihre ausgewachsenen Diskusfische deshalb nur zwei Mal täglich füttern. Kleine Diskusfische dagegen benötigen, je nach Alter, 3–6 Fütterungen täglich.

Diskusfische zu füttern, ist immer ein Erlebnis, und es macht viel Spaß, wenn sich viele Jungfische mit 5 cm Körpergröße zusammen gierig auf das Futter stürzen. Es darf aber immer nur in solchen Mengen gefüttert werden, wie sie von den Fischen innerhalb weniger Minuten restlos gefressen werden.

Diskusfische bevorzugen generell feineres Futter, denn sie haben auch nur ein relativ kleines Maul, und mancher Diskusliebhaber musste schon feststellen, dass seine Lieblinge das Futter wieder ausspuckten, weil es ihnen einfach zu groß war.

Grob eingeteilt gibt es drei Gruppen von Futtersorten im Fachhandel. Die wichtigste umfasst die industriell hergestellten Fertigfuttersorten. Die zweite Gruppe sind Frostfuttermischungen und die dritte das sogenannte Lebendfutter. Dieselben Futtertiere bekommt man im Handel jedoch auch gefrostet.

Die Industrie bietet zahlreiche Fertigfutter an. Gut durchgesetzt haben sich Granulate. Tabletten und alle Arten von Flockenfutter gehören heute zum Standardangebot für gesunde Diskusfische

Gierig stürzen sich die jungen Diskus auf die gefrosteten Mückenlarven. Je mehr Fische in einem Aquarium schwimmen, desto größer ist der Futterneid.

Diskusfische lassen sich sehr gut an industriell produzierte Fertigfuttersorten gewöhnen. Zum einen spielen hier die verschiedensten Futterflocken, zum anderen aber auch Granulate eine wichtige Rolle. Dass die Hersteller von Fertigfutter auf gute Qualität achten und möglichst ausgewogene und ernährungstypische Produkte entwickeln, sollte eigentlich selbstverständlich sein. Denn schließlich setzt sich nur ein Qualitätsfutter, das von den Fischen auch sehr gerne gefressen wird und für entsprechendes Wachstum und Wohlbefinden sorgt, am Markt wirklich durch. Achten Sie aber einmal auf das Gewicht beim Fertigfutter: Qualitativ hochwertige Futtersorten sind immer wesentlich schwerer als Billigfutter – Futterflocke ist also durchaus nicht gleich Futterflocke! Billige Granulate und Futterflocken wiegen weniger, weil sie fast nur aufgeblasenes Getreidemehl enthalten. Die qualitativen Unterschiede sind hier sehr groß.

Rote Mückenlarven sind zwar ein althergebrachtes Futter, aber wegen einer möglichen Schmutzbelastung nicht unproblematisch

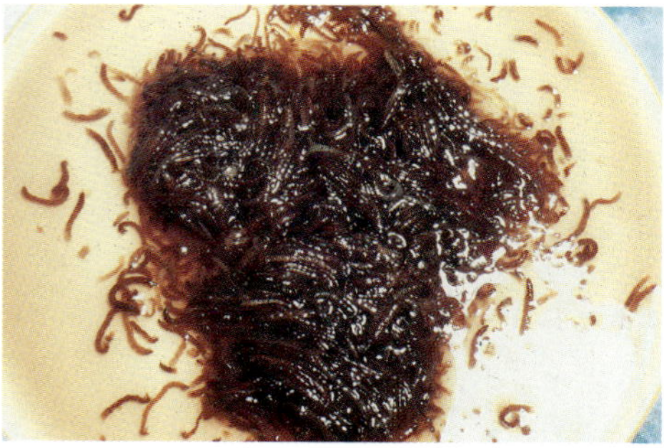

Neben dem industriell gefertigten Flocken- und Granulatfutter stellt tiefgekühltes Frostfutter eine gute Alternative für Diskusfische dar. Tiefgekühlte Futtertiere werden von vielen Diskusliebhabern gerne zugefüttert, und dies entspricht der Empfehlung, dass man mehrere Futtersorten miteinander kombinieren sollte, um die Fische wirklich mit allen wichtigen Nährstoffen zu versorgen. Im Fachhandel gibt es die verschiedens-

Gefrostetes Herz ist eine viel benutzte Futtersorte. Aber der Futtermix sollte mit Vitaminen angereichert werden.

ten Tiefkühlfuttersorten, und zwar meist in Tafeln, von denen sich jeweils leicht Stücke abrechen und verfüttern lassen.

Lebendfutter spielt heute nur noch eine untergeordnete Rolle im Futtersektor. Gemeint sind unterschiedliche Futtertiere, die noch lebend an die Fische verfüttert werden; zum Beispiel haben manche Zoohändler heute noch lebende Artemia-Krebschen oder Mückenlarven vorrätig. Sie können ja einmal einen Test machen und Ihren Diskusfischen ein solches Lebendfutter anbieten. Dabei ist es allerdings immer wieder verblüffend, festzustellen, dass manche Fische sogar Schwierigkeiten haben, dieses Futter zu fangen und zu fressen. Mückenlarven oder *Artemia*-Krebse werden mittlerweile längst in riesigen Mengen als Frostfutter angeboten und spielen in dieser Form noch immer eine bedeutende Rolle in der Diskusernährung. Achten Sie allerdings auch hier unbedingt auf Qualität, gerade im Bereich der Roten Mückenlarven sind die Preise sehr niedrig und es wird leider auch schlechte Qualität angeboten.

Wer Spaß daran hat, kann sich auch einmal mit der eigenen Zucht von lebenden Enchyträen befassen. Diese kleinen, weißen Würmchen lassen sich verhältnismäßig einfach in Erde züchten, und Diskusfische lieben dieses Futter geradezu!

Krill oder *Artemia*-Krebschen sind ein sehr gutes Diskusfutter

Diskus-Gelege an der Aquarienscheibe Foto: M. Kraus/Wikipedia

Spannende Diskuszucht

Eine erfolgreiche Diskuszucht ist der Ritterschlag für Aquarianer. Einerseits ist sie nicht so schwierig wie oft angenommen, andererseits können Diskusfische ihren Pfleger durchaus auch fast in den Wahnsinn treiben. Wenn Sie sich ernsthaft mit der Diskuszucht und der Aufzucht der Jungen befassen wollen, sollten Sie sich zusätzliche Fachliteratur besorgen (siehe Literaturverzeichnis am Ende des Buches), denn im Rahmen dieses Ratgebers kann ich Ihnen nur einen ersten Überblick über die Diskuszucht bieten.

Der Praxistipp

Tipps und Tricks zur Diskuszucht und zu den damit zusammenhängenden Themen gibt es zu Hunderten. Wenn Sie eines Tages Ihr erstes pflegendes Diskuszuchtpaar im Aquarium schwimmen haben, werden Sie schnell zum Spezialisten, der sich spätestens dann mit entsprechender Fachliteratur eindecken wird. Einige empfehlenswerte Bücher zur Diskuszucht finden Sie im Literaturverzeichnis am Ende dieses Buches aufgelistet.

Um erfolgreich Diskusfische nachzuziehen, müssen Sie zunächst ein gut harmonierendes Paar besitzen. Doch wie kommt man an ein solches Pärchen? Am einfachsten wäre es vermutlich, wenn Sie sich ein Diskuszuchtpaar kaufen würden. Doch erstens ist dieses meist sehr teuer, und zweitens haben Sie keine Garantie, dass dieses Pärchen auch bei Ihnen erfolgreich zur Vermehrung schreitet. Zu viele Faktoren spielen bei der Zucht mit hinein, und allein der Stress des Fangens und Transportierens sowie die Eingewöhnung in die neue Umgebung können dazu führen, dass ein bisher sehr gutes Zuchtpaar plötzlich keinerlei Laichversuche mehr unternimmt.

Bei Paaren mit Laichbereitschaft sind die hinteren dunklen Senkrechtstreifen jetzt besonders gut zu sehen. Ein sicheres Zeichen dafür, dass bald mit den Laichvorbereitungen begonnen wird. Meistens sind die Männchen die größeren Diskus mit den etwas stärker ausgezogenen Flossen

Eine andere Möglichkeit wäre, selbst ein Zuchtpaar aufzuziehen. Irgendwann werden ja Ihre Diskusfische im Aquarium erwachsen, und dann ist die logische Folge, dass sich vielleicht ein Pärchen zusammenstellt. Nun kann plötzlich alles wie von alleine funktionieren, und eines Tages werden Sie vielleicht bemerken, dass in Ihrem Aquarium ein Paar mit der Vorbereitung zur Fortpflanzung beginnt.

Ein Laichgitter verhindert das Fressen des Geleges

Zuerst werden Sie feststellen, dass sich die Färbung der Diskusfische ändert. Die Tiere werden etwas dunkler, und zwar besonders im hinteren Körperbereich; die letzten vier Senkrechtstreifen werden jetzt besonders gut sichtbar. Das Pärchen wird nun einen geeigneten Laichplatz suchen, und da Sie in Ihrem Gemeinschaftsaquarium meist keine Tonvase stehen haben, kann es sein, dass plötzlich Pflanzen mit großen Blättern, Wurzeln, schräg stehende Steine oder sogar der Aquarienheizer als Laichunterlage ausgesucht werden.

Das Pärchen schwimmt harmonisch nebeneinander, ab und zu verneigen sich die beiden Fische, und alles sieht sehr friedlich aus. Die Diskus verteidigen jetzt auch den ausgesuchten Laichplatz gegen alle Mitbewohner, und irgendwann beginnen sie, ihren Laichplatz mit dem Maul zu putzen. Dieser Putzvorgang dauert manchmal mehrere Stunden und ist ein untrügliches Zeichen dafür, dass bald mit dem Laichakt begonnen wird. Kommt es nun zu einem zusätzlichen kräftigen Rütteln der Körper, steht das Ablaichen unmittelbar bevor.

Die etwas breiter angelegte Laichröhre eines Diskusweibchens

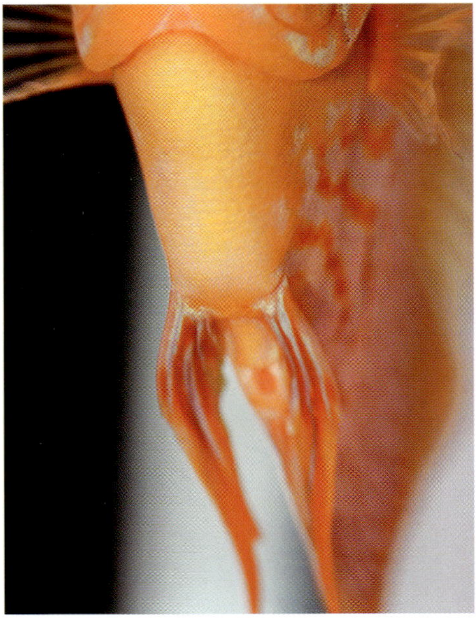

Normalerweise laichen Diskusfische während der Abendstunden. Dies hat vielleicht auch damit zu tun, dass bei einer Wassertemperatur von 30 °C die Entwicklung der Eier etwa 55 Stunden dauert; folglich werden die Larven in den Morgenstunden des dritten Tages schlüpfen, und so haben die Diskuseltern den gesamten Tag Zeit, sich um ihre Larven zu kümmern und diese aus den Eiern herauszukauen.

Bevor die Larven jedoch im Aquarium schwimmen, müssen zuerst einmal die Eier gelegt werden. Das Diskusweibchen zeigt irgendwann seine breite Legeröhre und

Ein harmonisches Diskuspaar bewacht sein Gelege und befächelt die Eier mit den Flossen, sodass ein Verpilzen weitgehend verhindert werden kann

beginnt damit, senkrecht von unten nach oben schwimmend, eine Eischnur neben die andere zu legen, die sofort vom Männchen befruchtet wird. Das Beobachten dieses Laichvorgangs ist für Diskusliebhaber eines der schönsten Erlebnisse. Etwa eine Stunde dauert das Ablaichen, und am Ende befinden sich 150–300 Eier auf der Laichunterlage. Das Gelege wird nun abwechselnd von den beiden Diskusfischen bewacht und mit den Flossen befächelt, sodass die Eier ständig mit Sauerstoff versorgt werden.

Wie erwähnt schlüpfen bei 30 °C Wassertemperatur nach etwa 55 Stunden die Larven aus den Eiern. Wenn alles perfekt klappt, werden die Eltern sich nicht streiten, die Larven aus den Eiern kauen und danach umbetten: Sie suchen hierbei einen geeigneten Platz, an dem sie den Nachwuchs deponieren. Dort entwickeln sich die Diskuslarven weiter, und nach weiteren drei Tagen werden die ersten mit dem Freischwimmen beginnen.

Dies ist ein ganz entscheidender Zeitpunkt, denn jetzt müssen die Jungfische ihre Eltern anschwimmen, um auf deren Körper die wichtigen Nährzellen abzuweiden und zu fressen. Die Eltern haben sich während der letzen Tage immer dunkler gefärbt und eine Art Hautschleim gebildet. Dieser Hautschleim der Eltern ist die erste und wichtigste Grundnahrung für die kleinen Diskusfische. Schwimmen die Larven die Eltern korrekt an und konnten diese auch genügend Nährschleim auf der Haut bilden, beginnen die Larven sofort mit dem Fressen. Ist bis zu diesem Stadium alles gelungen, kann schon fast von einer erfolgreichen Diskuszucht gesprochen werden. Störungen und Fehler sind allerdings immer noch möglich. Nicht selten schwimmt ein ganzer Larvenschwarm die Eltern nicht richtig an und geht im Aquarium schnell zugrunde.

Fressen die kleinen Diskusfische aber erst einmal für einige Tage das Hautsekret der Eltern, kann bald mit dem Zufüttern von Feinfutter, wie lebenden, frisch geschlüpften *Artemia*-Krebschen, begonnen werden. Die kleinen Diskusfische können 4–6 Wochen bei ihren Eltern

1.) Ein Paar hat sich gefunden und steht friedlich zusammen

2.) Das Gelege entwickelt sich und die befruchteten Eier werden dunkel. Nach drei Tagen sind die Larven zu erkennen

3.) Die Larven schwimmen frei und finden bei den Eltern erste Nahrung

4.) Eng ist die Bindung zu den Eltern, die jetzt ein Hautsekret als Futter anbieten können

5.) Das Paar wechselt sich bei der Pflege perfekt ab. Die Jungen haben immer noch eine enge Elternbindung

Ein Schwarm gleichmäßig gewachsener Diskusfische, die etwa zehn Wochen alt sind. Sie zeigen bereits einen guten Farbansatz.

bleiben und fressen auch so lange noch das Hautsekret von deren Körper. Viele Züchter entfernen die Jungfische allerdings schon viel früher von den Eltern und ziehen sie separat in kleinen Aquarien auf.

Wenn wir davon ausgehen, dass Ihnen eine solche Aufzucht in Ihrem Gesellschaftsaquarium gelungen ist, dann haben Sie schon die höchsten Weihen der Diskuspflege erreicht. Wahrscheinlich wird es aber eher so sein, dass nach einer Eiablage das Gelege verpilzt und sich nicht entsprechend entwickelt. Dies kann oft daran liegen, dass das Wasser im Gesellschaftsaquarium nicht den Anforderungen für ein Diskuszuchtwasser entspricht. Doch jetzt können Sie Initiative entwickeln: Wenn Sie das Diskuspärchen in ein spezielles Zuchtaquarium mit besserer Wasserqualität umsetzen, haben Sie dort zumindest gute Aussichten, doch noch zu einer erfolgreichen Diskuszucht zu kommen.

Ein spezielles Diskuszuchtaquarium besitzt keinen Bodengrund und nur eine sehr spärliche Einrichtung. Meist verzichtet der Züchter komplett auf die Einrichtung und beschränkt sich auf die berühmte Tonlaichvase, die in der Mitte des Aquariums steht. An diese Tonvase oder an diesen Tonblumentopf sollen die Diskusfische ihre Eier ablegen, was sie meist auch ganz brav tun.

Das Wasser ist einer der wichtigsten Schlüsselfaktoren für die erfolgreiche Nachzucht. Wenn es entsprechend aufbereitet ist, wird es mit der Zucht irgendwann sicher klappen. Diskusfische benötigen für die Zucht ein saures Wasser mit einem pH-Wert von unter 6,5; besser noch sollte der pH-Wert unter 6,0 liegen. Hinzu kommt, dass das Wasser nur einen geringen Leitwert und eine geringe Gesamthärte aufweisen darf; der Leitwert des Wassers liegt für die Zucht idealerweise unter 100 µS/cm. Dies sind jetzt allerdings schon sehr spezielle Wasserparameter, die nur mit entsprechender Erfahrung so eingestellt werden können. Deshalb empfehle ich Ihnen, zu diesem Zweck unbedingt weitere Fachbücher zu lesen (siehe Kapitel „Literatur“).

Die Jungfische können mehrere Wochen bei den Eltern bleiben. Allerdings müssen sie nach einigen Tagen zusätzlich mit Futter versorgt werden. Nach zwei Wochen entfernen sie sich immer weiter von den Eltern.

Aufzucht der kleinen Diskusfische

Es ist sehr schwierig, eine Gruppe kleiner Diskusfische gleichmäßig aufzuziehen. Einen so gleichmäßigen Schwarm über zehn Monate heranzuziehen, zeigt den wahren Meister der Diskuszucht.

Wenn Sie alle primären Hürden der Nachzucht überwunden und nun wirklich einen Schwarm von kleinen Diskusfischen im Aquarium schwimmen haben, beginnt das nächste Problem der Aufzucht. Es ist gar nicht so einfach, die fresswütigen kleinen Diskusfische gleichmäßig aufzuziehen. Ständig muss das Aquarienwasser überwacht werden. Ein regelmäßiger Teilwasserwechsel, und zwar nicht nur ein Mal in der Woche, sondern möglichst täglich, ist wichtig für das Wachstum. Sie müssen die kleinen Diskusfische täglich mindestens vier Mal, besser sechs Mal füttern und Futterreste gleich wieder absaugen. Bei diesem Absaugen der Futterreste nehmen Sie zugleich einen Teilwasserwechsel vor; so werden Schadstoffe, Futterreste und Ausscheidungen der Fische zuverlässig entfernt.

Eine möglichst breite Futterpalette ist angesagt, denn jedes Futter, das die Jungfische jetzt fressen, kann später auch den größeren Fischen getrost angeboten werden. Je mehr Futtersorten die Jungfische schon kennenlernen, desto mehr Sorten werden sie später auch gierig fressen. Für die weitere Aufzucht ist es meist nicht mehr nötig, das Wasser speziell aufzubereiten, denn hierfür reicht normales Leitungswasser mit etwas höheren pH-Werten und Härtegraden in der Regel aus. Auch Wassertemperaturen von 27–28 °C sind für eine erfolgreiche Aufzucht völlig ausreichend. Unter günstigen Bedingungen wachsen die Jungfische jetzt schnell heran und erreichen nach 6–8 Wochen schon eine Körperlänge von 4–5 cm.

Wohin mit den Jungfischen?

Einerseits sind Sie nun glücklicher Besitzer von vielen kleinen Diskusfischen, doch andererseits ergeben sich hierdurch auch Probleme, was den Platz und den möglichen Absatz betrifft. Es ist nicht einfach, 100 oder mehr Jungfische für einen längeren Zeitraum in ausreichend großen Aquarien gemeinsam unterzubringen. Selbstverständlich könnten Sie Ihre ersten erfolgreich aufgezogenen Diskusfische auch alle behalten und auf mehrere Aquarien verteilen. Da ein Diskus während der Wachstumsphase aber bis zu 10 Liter Aquarienwasser zur Verfügung haben sollte, entsteht schnell ein Platzproblem. Schauen Sie sich einmal Ihre großen, ausgewachsenen Diskusfische an: Wie viele davon können Sie wohl in einem Aquarium mit 360 Litern erfolgreich zusammen pflegen? Doch sicherlich nur sechs bis acht Stück – das ist nicht gerade viel. Daraus kann man schließen, dass ein ausgewachsener Diskus schon etwa 50 Liter Aquarienwasser und ein kleiner bis mittelgroßer Diskus wie gesagt rund 10 Liter Aquarienwasser als Schwimmraum zur Verfügung haben sollte. Und daraus wiederum ergibt sich eine deutliche Beschränkung bei der Aufzucht von Jungfischen. Also heißt es, diese irgendwann zu verkaufen oder an Freunde zu verschenken.

Die Zucht hat funktioniert, aber jetzt gilt es die Jungfische auch an Liebhaber abzugeben. Die weitere Aufzucht würde sicher Platzprobleme bringen.

Der Verkauf gestaltet sich meist schwierig, denn in der Regel ist ein Zoofachhändler nicht gerade begeistert, wenn er nur ein Mal von Ihnen einige Dutzend Diskusfische kaufen soll. Setzen Sie also nicht zu viele Erwartungen in einen möglichen Verkauf im Zoofachhandel. Zoofachhändler benötigen innerhalb eines bestimmten Zeitraumes bestimmte Mengen von Fischen in bestimmten Farben, und das kann ein Gelegenheitszüchter natürlich nicht bieten.

Der Absatz von einigen Dutzend Jungfischen gelingt möglicherweise noch über Kleinanzeigen in einem Wochenblatt, ist aber meist auch nicht sehr befriedigend. Dieses Problem haben viele Aquarianer, sobald sie irgendwann einmal beginnen, Fische in größeren Mengen aufzuziehen. Erst die professionellen Züchter, die etliche Zuchtpaare im heimischen Keller schwimmen haben, können einen zufriedenstellenden Absatz organisieren, müssen dabei jedoch bedenken, ihren Zuchtbetrieb als Kleingewerbe anzumelden.

Doch mit solchen Dingen müssen Sie sich erst einmal nicht belasten, sie sollten sich lieber um die Höhepunkte der Aquaristik kümmern und Ihr Aquarium mit schönen Diskusfischen so richtig genießen.

Skalare werden gerne mit Diskusfischen vergesellschaftet. Allerdings sind sie wesentlich schnellere und lebhaftere Schwimmer als Diskusfische.

Neonsalmler sind gute Fischpartner für Diskusfische. Bei guter Eingewöhnung der Neons und einer Quarantäne gibt es keine Verluste. Überhaupt darf eine Quarantäne nie vernachlässigt werden, wenn neue Fische in ein Aquarium eingesetzt werden sollen.

Das Gesellschaftsaquarium

Sie haben sich ein Diskusschauaquarium im Wohnzimmer eingerichtet und möchten hier nicht nur Diskusfische, sondern auch andere schöne, bunte Fische pflegen? Dieser Wunsch ist legitim, und es gibt tatsächlich einige Aquarienfische, die sehr gut zu Diskusfischen passen.

Da wären zum einen die relativ friedlichen kleinen Salmler, die in Gruppen gehalten werden. Rotkopfsalmler oder Rote Neons sind ideale Beifische für ein Diskusaquarium. Ein Schwarm von 20, 30 oder gar 50 Roten Neons ist geradezu eine Augenweide. Die friedlichen Diskusfische stellen den kleinen Neons normalerweise auch nicht nach und lassen sie völlig in Ruhe. Sie sollten allerdings andersherum keine Fische aussuchen, die den Diskusfischen an den Flossen zupfen und

Salmler aller Art sind friedliche Beifische. Sie müssen immer in Gruppen eingesetzt werden, da sie sonst kümmern.

Ein Pärchen Schmetterlingsbuntbarsche oder anderer klein bleibender Cichliden wird sich sein Revier im Diskusaquarium suchen und friedlich bleiben

Panzerwelse gehören zu den Favoriten der Bodengrundbewohner im Diskusaquarium. Jede Variante dieser friedlichen Welse ist hierfür geeignet, solange sie hohe Temperaturen toleriert.

Der Rote Neon ist ein Klassiker für ein schönes Gesellschaftsaquarium. Größere Neons werden vom Diskus auch nicht als Futter angesehen. Im Gegenteil wird der Neon Diskusfischen sofort die Eier wegfressen, sollten diese einmal im Gesellschaftsaquarium laichen.

sie gar verletzen – das wären z. B. Barben, die völlig ungeeignet für die Besetzung in einem Diskusaquarium sind. Neben einigen Salmlern sind auch friedliche Zwergbuntbarsche ideale Partner für Diskusfische. Zwergcichliden halten sich meist sowieso mehr im Bereich des Bodens auf und verteidigen dort ihr kleines Revier. Ein Pärchen Schmetterlingsbuntbarsche zum Beispiel ist ein schöner Kontrastpunkt in einem Diskusaquarium.

Auch die Panzerwelse der Gattung *Corydoras* sind meist gute Partner für Diskusfische. Wählen Sie allerdings solche Arten, die die höheren Temperaturen in einem Diskusaquarium gut vertragen; da wäre beispielsweise *Corydoras sterbai* zu nennen. Auch der eine oder andere schöne Harnischwels ist, sofern er als friedlich bezeichnet werden kann, als Bewohner eines Diskusschauaquariums geeignet.

Wenn Sie sich allerdings für Skalare interessieren, müssen Sie schon damit rechnen, dass diese die Diskusfische stärker bedrängen. Skalare sind wesentlich schwimmaktiver und aggressiver in der Futtersuche als Diskusfische und somit als echte Futterkonkurrenten weniger geeignet.

Mit Überlegung und Fingerspitzengefühl werden Sie bald ein tolles Gesellschaftsaquarium mit den Königen der Aquaristik zu Hause haben, das jeder Besucher bewundern wird.

Moderne Diskusfarben

Vor 1990 gab es nur wenige klassische Diskusfarben. Neben den Wildfängen waren es vor allem die Türkisvarianten, welche die Aquarianer begeisterten. Durch die weltweit sehr starke Nachfrage nach Diskusfischen und vor allem nach neuen Farbvarianten begann in Südostasien die Suche nach interessanten Farben.

Es entstanden tatsächliche durch Mutationen völlig neue und noch nie dagewesene Farben, von denen man Jahre zuvor noch nicht einmal zu träumen gewagt hätte.

So konnte der Siegeszug der Diskusfische von Neuem beginnen und er hält bis heute ungebrochen an.

Moderne Türkis

Waren einst die kobaltblauen Türkis-Diskus und die Brillanttürkis-Diskus der Standard, so wurde diese Farbe bis heute sehr stark durch die Blue-Diamond-Diskus aus Hongkong beeinflusst. Diese Blue Diamond waren die ersten völlig flächig blauen Diskusfische, die keinerlei Streifenzeichnung mehr zeigten. Auch war das Blau dieser Diskusfische so intensiv, dass hier wirklich von blauen Diamanten gesprochen werden konnte.

Kobaltblaue Diskus waren bereits vor 30 Jahren die Superstars der Diskusvarianten

Snake-Skin-Diskus wurden zuerst in Malaysia gezüchtet. Sie fielen durch ihre eigenartige Beschuppung auf, die an Schlangenhaut erinnert. Heute gibt es zahlreiche Farbvarianten.

Snake Skin

Die ersten Snake-Skin-Diskus fanden wenig Beachtung. Niemand interessierte sich für die dunklen Diskusnachzuchten mit diesem eigenartigen Schlangenhautmuster.

Sobald aber erkannt wurde, dass es sich hier um eine völlig neue Variante handeln musste, die zufällig durch Mutation entstanden war, begannen die Züchter mit diesen Diskusfischen zu spielen. Es wurden blaue und rötliche Varianten gezüchtet. Allen ist aber gemein, dass sie nicht mehr die neun Senkrechtstreifen haben, sondern meist 14 oder mehr solcher Streifen zeigen. Gerade am Kopfbereich sind die Snake-Skin-Diskus leicht zu erkennen, denn hier besitzen sie alle die typische feine Linienzeichnung, die sie von allen anderen Diskusfischen unterscheidet.

Heute gibt es Snake-Skin-Diskus in fast allen denkbaren Farbnuancen. Natürlich findet man auch Albinos unter den Snake Skin, und ein Ende bei den Zuchtbemühungen ist nicht in Sicht.

Pigeon-Blood-Diskus

Die Taubenblut-Diskus waren die größte Sensation der letzten Jahrzehnte bei der Diskuszucht. Während die ersten Pigeon-Blood-Diskus zwar schon die kräftige und sensationelle Rotfärbung besaßen, mussten sie noch mit deutlicher Schwarzfärbung akzeptiert werden. Erst als es gelang das Schwarz so weit zurückzudrängen, dass es heute bei modernen Pigeon Blood nicht mehr zu erkennen ist, war die Sensation perfekt.

Jetzt wurden die widerstandsfähigen Pigeon Blood in fast alle Zuchtlinien eingekreuzt, um immer neue Farbkombinationen zu bekommen. Die Pigeon-Blood-Diskus sind die erfolgreichsten Diskusnachzuchten der letzten zwanzig Jahre.

Oben eine türkisblaue Pigeon-Variante. Unten der typische Pigeon-Blood-Diskus mit hohem Rotanteil.

Die Farbe Rot ist immer der Traum aller Diskuszüchter gewesen. Heute ist es kein Problem mehr, farbechte rote Diskusfische zu züchten. Je nach Färbung besitzen diese Diskus verschiedene Handelsnamen.

Rote Diskus

Rot war immer die Traumfarbe für Diskusliebhaber. Als die roten Marlboro-Diskus aus Thailand vor gut zwanzig Jahren auftauchten, war die Sensation perfekt. Endlich gab es farbechte rote Diskusfische. Musste man früher mit speziellen Leuchtstoffröhren und Farbfutter versuchen, etwas rote Farbe bei Diskusfischen vorzutäuschen, so war dies jetzt nicht mehr notwendig. Viele verschiedene Namen, wie San Merah, Red Melon oder Fire Red tauchten bei den Züchtern auf. Kaum war es gelungen, kräftig rote Diskus zu züchten, begannen die Züchter sie schon wieder mit hellen, weißen Diskusfischen zu kreuzen. Immer mehr Farbvarianten entstanden, und so hat heute der Aquarianer die Qual der Wahl.

Oben ein moderner Leopard-Diskus, der bereits ein deutliches Ringmuster in der Zeichnung besitzt. Diese Diskus haben noch die klassischen neun dunklen Senkrechtstreifen, die allerdings selten gezeigt werden. Die Snake-Skin-Variante unten besitzt dagegen bis zu 17 solcher Streifen und eine andere Gesichtszeichnung.

Red-spotted-Diskus

Die roten Punkte der grünen Wildfänge faszinierten die Züchter in Asien. Wie konnte es gelingen, diese wenigen roten Punkte bei Nachzuchtexemplaren zu vervielfältigen? Da die Asiaten in der Diskuszucht alles fertigbringen, war es nur eine Frage der Zeit, bis die ersten rot gepunkteten Diskus auftauchten. Waren es anfangs nur hunderte Punkte, die Teile der Diskusfische bedeckten, so sind es heute schon mal knapp tausend, die so ein völlig mit Punkten überzogener Topdiskus zeigt. Zu den vielen Punkten kamen bald rote Ringe, und ein neuer Star erschien am Diskushimmel, der Ringleopard. Inzwischen ist es sogar gelungen, die roten Punkte über die gesamte Gesichtspartie zu ziehen, und die schönsten Red-Spotted-Diskus zeigen keine Körperstelle mehr ohne diese tolle Punktierung.

Goldene Diskus

Es ist nicht alles Gold, was glänzt, aber für Asiaten spielt die Farbe Gold eine wichtige Rolle. Gold ist eine Glücksfarbe und symbolisiert hohe Wertigkeit. Da es sogar gelungen war, weiße Diskusfische zu züchten, war es möglich, aus braunen Diskusfischen immer hellere Varianten zu ziehen, die schließlich in der Farbe Gold endeten. Die züchterische Glanzleistung war aber sicher die Tatsache, dass es gelang, die dunklen Senkrechtstreifen so zurückzudrängen, dass sie im Normalfall nicht mehr zu sehen sind. Erst dadurch kam es zu flächig goldenen Fischen, die zwar noch Farben in den Flossensäumen zeigen können, aber eine geschlossene goldene Körperfärbung haben.

Gold ist eine Traumfarbe für Asiaten. Deshalb sind goldfarbene Diskus sehr begehrt und werden auch teuer bezahlt.

Albinos sind in Asien stark im Kommen. In Europa sind sie weniger begehrt, da die Grundfärbung meist blasser ist als bei normalen Diskusfischen.

Sonderfarben

Bei Wettbewerben gibt es immer Kategorien, die alle Diskusfarbschläge beinhalten, die nicht klar einer Farbe zuzuordnen sind. Dazu gehören immer Diskusfische mit einzigartiger Zeichnung oder jetzt auch verstärkt Albinos. Immer mehr Albino-Diskus tauchen im Handel auf, und inzwischen gibt es sie in fast jeder Farbvariante. Bei uns in Europa sind solche Albinos weniger begehrt. In Asien dagegen sind sie echte Verkaufsschlager. Es werden uns sicher in Zukunft noch weitere, verblüffend interessante Diskusfarben angeboten werden.

Immer wieder tauchen neue Farbkombinationen auf, die dann auch Fantasienamen bekommen. Für den Markt sind aber nur größere Mengen einer neuen Farbe von Bedeutung.

Zeitschriften

AMAZONAS, erscheint sechs Mal jährlich
Natur und Tier - Verlag GmbH
An der Kleimannbrücke 39/41
48157 Münster
Tel.: 0251 13 33 90, E-Mail: verlag@ms-verlag.de
www.amazonas-magazin.de

DATZ, erscheint monatlich
Natur und Tier - Verlag GmbH
An der Kleimannbrücke 39/41
48157 Münster
Tel.: 0251 13 33 90, E-Mail: info@ms-verlag.de
www.datz.de

Herrlicher Rottürkis-Diskus mit perfekter waagerechter Linierung

Literatur

Au, D. (1998): Back to Nature – Handbuch für Diskus. – Dähne.
Degen, B. (2008): Das Große Diskusbuch. – Bede.
Göbel, M. (1999): Majestätische Diskus. – Aqualog.
Köhler, H.W. (1998): Diskusfische – Schwimmende Juwele. – Diskusbrief.
– (2003): Gesundheitsprobleme bei Diskusfischen. Vermeiden – Erkennen – Behandeln. – Diskusbrief.
Mayland, H.J. (2002): Amazoniens Diskusfische: Lebensräume, Pflege, Zucht. – Dähne.
Rahn, G. (2002): Diskus. – DATZ-Aquarienbücher, Ulmer.
Untergasser, D. (1991): Gesunde Diskus und Großcichliden. Band 1. – Bede.

Das Süßwasseraquaristik-Fachmagazin *Amazonas*

Amazonas

Aquaristik pur bieten wir dem Liebhaber der Süßwasseraquaristik mit der Zeitschrift Amazonas. Es werden die unterschiedlichsten Aspekte behandelt: Aquarienpraxis, Haltung und Vermehrung einzelner Arten, biologische Hintergrundberichte, Aquarientechnik und -chemie, Neues aus der Wirtschaft, Buchmarkt, Reportagen und Reiseberichte, Interviews und vieles mehr; alles leicht verständlich, allgemein interessierend und unterhaltsam. Besonders markant ist das ausführlich behandelte Titelthema. Eingeleitet durch eine umfangreiche und brillant bebilderte Fotoreportage, wird das Thema auf den Folgeseiten durch mehrere Begleitartikel vertieft.

Redaktionell betreut wird AMAZONAS durch den über zahlreiche Veröffentlichungen bekannten Aquarianer und Buchautor Hans-Georg Evers, unterstützt durch Co-Redaktion und Lektorat sowie durch einen kompetenten Beirat aus Wissenschaft und Hobby. Die Vielzahl renommierter Autoren ist zusätzlicher Garant für Aktualität und Qualität. Überzeugen Sie sich selbst!

Einzelheft:	**5,50 €**
Inland-Abonnement:	**31,20 €**
Ausland-Abonnement:	**39,90 €**

Natur und Tier - Verlag GmbH
An der Kleimannbrücke 39/41 · 48157 Münster
Telefon: 0251 - 13339-0 · Fax: 0251 - 13339-33
E-Mail: verlag@ms-verlag.de

www.amazonas-magazin.de